シャチのラビー ママになる

日本初！ 水族館《すいぞくかん》生《う》まれ3世《せい》誕生《たんじょう》まで

井上こみち●文

国土社

もくじ

はじめに

みなさんは、シャチを知っていますか。

くっきりと黒と白に色わけされた美しい体の、海でくらす生きものです。ときに体長《たいちょう》は六メートルをこすものもいる、イルカやクジラと同じほ乳類《にゅうるい》で、海のけもの、海獣《かいじゅう》とよばれています。

シャチは長い間、水族館《すいぞくかん》での飼育《しいく》はむずかしいといわれていました。生態《せいたい》がほとんどわからなかったので、飼育環境《かんきょう》をととのえることができなかったからです。今もまだ、解明《かいめい》されていない部分《ぶぶん》の多い生きものです。

「鴨川《かもがわ》シーワールド」では、一九七〇年開館《かいかん》のときから、シャチの飼育にとりくんできました。そして、それから現在《げんざい》までの三十年間に十五頭《とう》の飼育にかかわり、五頭の子どもが生まれました。

それだけでもすばらしいことなのに、さらに二〇〇八年十月、成長《せいちょう》した子どものうちの一頭ラビーが、赤ちゃんを産《う》みました。世界《せかい》でもまれで、日本ではじめての、水族館生まれのシャチ三世誕生《さんせいたんじょう》です。

この三世誕生までには、「シャチにいい環境《かんきょう》を」と考え、命《いのち》をあずかる責任《せきにん》をはたしてきた海獣医《かいじゅうい》の勝俣悦子《かつまたえつこ》さんはじめ、トレーナーたちスタッフの、根気《こんき》づよい見守りがありました。

ひとにも負《ま》けない知恵《ちえ》や、やさしさをもつ魅力的《みりょくてき》な生きものシャチ。そのシャチとひととの交流《こうりゅう》、そして三世誕生までの物語です。

1　ラビーが赤ちゃんを産《う》んだ

二〇〇八年十月十三日。

体育《たいいく》の日の祝日《しゅくじつ》です。太平洋《たいへいよう》を目の前にした千葉県南房総《みなみぼうそう》にある鴨川《かもがわ》シーワールドは、いつにもましてにぎわっています。

まもなく、シャチの午前のパフォーマンスがはじまる時間です。直径《ちょっけい》が二十メートル、深《ふか》さ六メートルの巨大《きょだい》な、だ円形《えんけい》プールのあるオーシャンスタジアムに、お客さんが集まってくるころです。

でもこの日は、ちょっと事情《じじょう》がちがっていました。

開館《かいかん》前に、こんなお知らせが張《は》りだされたのです。

きょうもオーシャンスタジアムには、お客さんがいっぱい。シャチのパフォーマンスがはじまります。

『本日、ラビー出産《しゅっさん》のため、シャチのパフォーマンスを中止させていただきます。』

この案内《あんない》は放送《ほうそう》でも、園内のあちこちのスピーカーから何回も流されました。

ところが、オーシャンスタジアムの階段状《かいだんじょう》の観客席《かんきゃくせき》には、案内を聞いていなかったお客さんが、やってきています。

「ほんもののシャチを見るの、はじめてなんだ」

「シャチのジャンプ、楽しみだなあ」

あちこちから、はずんだ声が聞こえてきます。

やがて、ウエットスーツすがたのトレーナーがあらわれました。

トレーナーというのは、シャチの調教《ちょうきょう》をするひとですが、飼育係《しいくがかり》でもあります。ふだんからプールにもぐって、まぢかでシャチのようすを見たり、さわったりしています。ぐあいがわるくないか、元気がなかったりしないか、いつも注意しています。

「みなさん、こんにちは。すでにご案内《あんない》していますように、きょう、ラビーが赤ちゃんを産《う》みます。そのため、シャチのパフォーマンスをお見せできませんが、そのままスタンドで、ラビーの出産《しゅっさん》のようすを、ごらんいただいてもかまいません」

トレーナーは、説明をくりかえしました。

ラビーがオーシャンスタジアムで出産するので、安全のために、ほかの五頭のシャチは、サブプールとよんでいる小さめのプールにうつされていました。

カメラをかまえていた男のひとは、

「なんだ、シャチのパフォーマンスを楽しみに、遠くからきたのに」

口をとがらせながら、カメラをおろしました。なかにはスタンドから出ていくひともいます。

トレーナーはつづけていいました。

「お母さんになるラビーは、十年前にこのシーワールドで生まれたシャチです。こんどはそのラビーが、はじめて赤ちゃんを産《う》みます」

スタンドは、一瞬《いっしゅん》、シーン。

それから、ささやき声がざわざわざわざわと、さざ波《なみ》のように広がりました。

「シャチの赤ちゃんが見られるんだ」

「このプールで産むんだね！　すぐに生まれるのかな」

と、プールをじっと見つめているひともいます。

トレーナーはさらに、

「ラビーが安心して赤ちゃんを産めるよう、みなさんのご協力《きょうりょく》をおねがいします。前から五番目くらいまでの席《せき》の方は、後ろの方にうつってください」

前の方にいたお客さんたちは、トレーナーのことばにしたがいました。

「ちょうしはどう？」「だいじょうぶよ」ラビーはトレーナーとの息《いき》もぴったり。

パフォーマンスタイムのあと、くつろぐシャチたち。「おつかれさん。きょうのジャンプきれいだったよ」トレーナーにねぎらわれ、まんぞくそうなラビー。

二〇〇七年四月に、ラビーの妊娠《にんしん》が明らかになりました。その半年後には新聞に発表し、シーワールドのホームページでも紹介《しょうかい》してきました。

ラビーはおなかが大きくなってからも、パフォーマンスに参加《さんか》して、ジャンプなどを見せていました。

シャチの飼育《しいく》をはじめて三十年ほどの間に、シーワールドで生まれたシャチはわずか五頭。そのうち今も元気でいるのは、ラビーを入れて三頭です。

そのラビーが成長《せいちょう》して、赤ちゃんを産《う》むのですから、スタッフたちのよろこびもひとしおです。

シャチの妊娠期間は十八か月間です。ラビーの交尾《こうび》、妊娠が確認《かくにん》されたときから計算すると、十月なかばに生まれるだろうということが、わかっていました。

しかも、日中の出産《しゅっさん》予定なので、多くのひとが見ることができます。貴重《きちょう》なシーンに立ち会えるかもしれないのです。

じつは、ラビーの出産は、十三日の朝八時すぎには、はじまっていました。

プールの底《そこ》に近いところの壁面《へきめん》に、シャチの動きを観察《かんさつ》できるガラス窓《まど》がありますす。厚《あつ》さ十センチもあるアクリル製《せい》のガラスですが、シャチのようすをはっきりと見ることができます。

「赤ちゃんの尾《お》びれが出はじめた！」

ずっとようすを見守っていたトレーナーの声が高ぶっています。

朝六時には、「破水《はすい》」といって、おなかの中で赤ちゃんをつつんでいる膜《まく》がやぶれ、羊水《ようすい》が流れだしました。

「もうすぐ生まれますね。獣医《じゅうい》」

獣医とよばれたのは、だれよりもラビーの出産を待ちのぞんでいた勝俣悦《かつまたえつ》子《こ》さんです。

勝俣さんは、シーワールドで三十年間、海獣《かいじゅう》のお医者さんをしています。

勝俣さんとトレーナーたちは、ラビーの妊娠《にんしん》がわかったときから、元気な赤ちゃん誕生《たんじょう》をねがって、観察《かんさつ》をつづけていました。

いよいよ、そのときがきたのです。

なぜ出産《しゅっさん》の日が近いとわかったのでしょうか。

それは母親になるシャチの体温の、きゅうな変化《へんか》からです。

出産が近づくと、母シャチの体温が、ふだんの三十六度ぐらいから三十四度くらいに下がります。それから、二十四時間以内に生まれるということが、これまでの出産例《しゅっさんれい》からわかっていました。これも、毎朝おこなわれている体温測定《そくてい》のおかげです。

検温《けんおん》は、シャチの大きな体にふさわしい、長い体温計をつかって肛門《こうもん》では

「尾《お》びれがでてきたぞ」「ラビー、もうひとがんばりだ！」トレーナーたちが息《いき》をのんで見守ります。

かります。

海獣《かいじゅう》の健康状態《けんこうじょうたい》を知るいちばんの手がかりは体温なので、毎日の検温《けんおん》は欠《か》かせません。

えさの食べ方や量《りょう》、動きが活発《かっぱつ》かどうかも健康状態《けんこうじょうたい》の目安《めやす》になります。

さて、多くのひとの見守るなか、泳《およ》ぎつづけるラビーの腹部《ふくぶ》から、赤ちゃんの尾《お》びれが、じょじょに出てきました。

「もうひとがんばりだ」

トレーナーがこぶしをにぎっています。

「破水《はすい》から三時間。いよいよね」

勝俣さんが時計を見ています。

やがて、スルーッと、赤ちゃんの全身《ぜんしん》がすがたをあらわしました。

「おお、ラビーやったぞ」

ラビーママに守られてゆうゆうと泳《およ》ぐ赤ちゃん。「どう？　わたしのぼうや、かわいいでしょ」というように、ほこらしげなラビー。

「よかったよかった。ラビーえらい！」

勝俣さんはガラスに顔をおしつけるようにして、さけびました。

生まれたばかりの赤ちゃんの体はシワがあって、くしゃっとしています。お母さんの体の中でU字《ユーじ》形《がた》になっていたからです。

それがみるみるうちに、水の中ですーっとのびたのです。尾《お》びれを上下に動かして、水面に上がっていきました。

呼吸《こきゅう》をするためです。

生まれたばかりなのに、シャチの赤ちゃんは生きる方法《ほうほう》を身《み》につけていました。

「よかった。これでひと安心ね！」

勝俣さんは胸《むね》をなでおろしました。

ラビーの三分の一ほどの体長の赤ちゃんは、母親にぴたりとよりそって泳《およ》いでいます。赤ちゃんをはさむようにして、ラビーの妹のララが泳いでいます。

赤ちゃんが元気よく泳ぐすがたは、スタンドからも見えました。

スタンドにいたお客さんたちは、ダイナミックなシャチのジャンプなどは見られなかったけれど、新しい命《いのち》の誕生《たんじょう》に立ち会うことができました。

たくさんの目が見守るなか、水族館《すいぞくかん》で生まれ育ったラビーは、母親になりました。

赤ちゃんが水面にすがたをあらわしたとき、

生後《せいご》14日目のラビーの赤ちゃん。お乳《ちち》をのむのも水中です。

「おめでとう！」

スタンドから大きな拍手《はくしゅ》がわきおこりました。

「ほら、見てごらんなさい。シャチの赤ちゃんが、生まれてすぐに泳《およ》いでいるわよ」

母親の指さす先を見て、手をふる子どもがいます。

「よかったね。うれしいね」

お年よりが涙《なみだ》ぐんでいます。

「ここにきてよかったね。何だかきょうはいいことがありそう」

手をとりあっている、わかいカップルのピアスがゆれています。

(ラビーの赤ちゃんが見られるなんて…。三世《さんせい》の誕生《たんじょう》に立ち会えるなんて…)

勝俣さんは、こみあげてくるよろこびをかみしめながら、赤ちゃんを見つめていました。

2　ひとがシャチを飼《か》えるの？

勝俣《かつまた》さんが、ラビーの出産《しゅっさん》を安心して見守っていられるようになるまでには、長い道のりがありました。

わすれられない一枚《まい》の写真《しゃしん》があります。シャチという生きものにひかれ、興味《きょうみ》をいだくきっかけをつくったものです。

その写真は、自然《しぜん》や未知《みち》の世界《せかい》を紹介《しょうかい》する外国の雑誌《ざっし》の一ページをかざっていました。シャチの特集をした一九六六年の三月号でした。

ダイビングスーツすがたのアメリカの男性が、プールでシャチの背中《せなか》にまたがっています。

「なにこれっ、ひとがシャチにのっている」

勝俣さんは、写真《しゃしん》をくいいるように見つめました。

(どうだ。こんなことができるんだぞ！　知らなかっただろう)

シャチとダイバーは、雑誌《ざっし》からとびだして、せまってきそうないきおいがありました。

シャチに対するイメージが、がらりと変わりました。

それまで本などで見ていたシャチは、クジラまで襲《おそ》う、どうもうな生きものだと、紹介《しょうかい》されていたのです。

黒と白の大きな体で、海の中ではこわいものなしで、「海の殺《ころ》し屋《や》」とまでいわれていました。

あざやかな黒白のもようには、いったいどんな意味があるのでしょう。

海の王者のしるし？　なかまを見分ける目じるし？　黒白もようの秘密《ひみつ》は、

シャチ

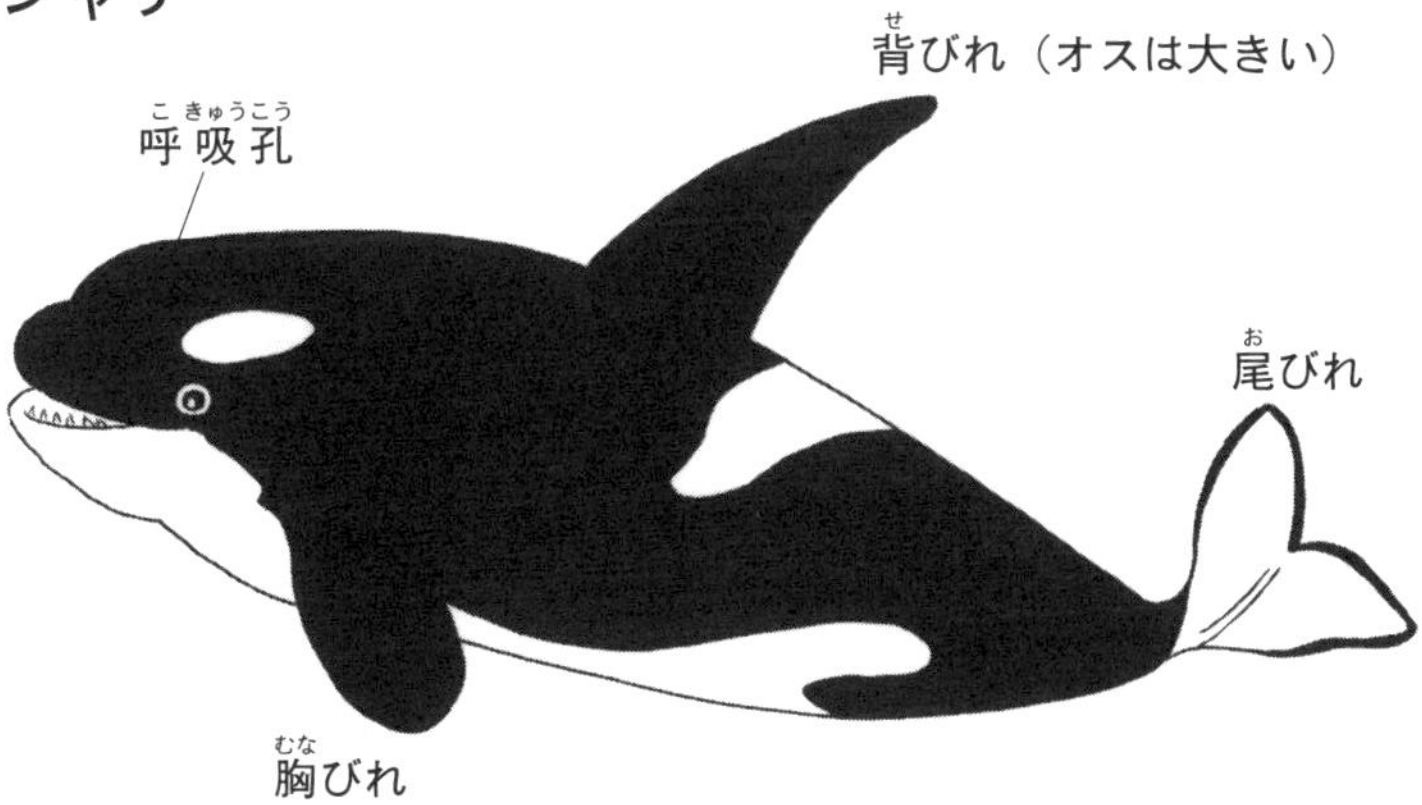

＜シャチ＞ クジラ目《もく》マイルカ科《か》
- 世界中の海に生息《せいそく》。
- 日本での飼育《しいく》は1970年、鴨川《かもがわ》シーワールドがはじめて。
- えさはホッケやサバを1日約70～100kg。
- 体重はオス約４トン、メス約2.5トン。
- 体長はオス約5.5～6.5m、メス約５m。

いまも解《と》きあかされていません。

そんな謎《なぞ》めいたシャチが、ひととなかよくしているのです。それ以前に、シャチを飼《か》うなんて考えられませんでした。

体にピリピリと電流が走るようでした。

写真《しゃしん》の説明には、シャチは北アメリカの太平洋岸《たいへいようがん》で捕獲《ほかく》され、アメリカのシアトル水族館《すいぞくかん》で、一九六五年ごろ一年ほど飼育《しいく》された、とありました。

このシャチを通して、野生のシャチがひとに危害《きがい》をくわえないばかりか、ひとに対して友好的《ゆうこうてき》だということがわかったのです。

シアトル水族館でシャチを飼ったこの時期に、やはりアメリカのサンディエゴシーワールドと、カナダのバンクーバー水族館で、シャチの飼育が試《こころ》みられていました。

ようやく、シャチの行動、健康状態《けんこうじょうたい》、えさの種類《しゅるい》や量《りょう》、調教《ちょうきょう》などについての研究《けんきゅう》がはじまったばかりでした。

日本では、一九七〇年に、鴨川《かもがわ》シーワールドでの飼育《しいく》がはじめてです。

シーワールドの鳥羽山照夫《とばやまてるお》館長(当時)は、水族館《すいぞくかん》のオープンにふさわしい、夢《ゆめ》のある生きものを紹介《しょうかい》したいと考えていました。

「大きな海獣《かいじゅう》を飼《か》って、子どもたちをおどろかせたい」

館長は、シャチに目をまるくする子どもたちの顔を、思い描《えが》いていました。

アメリカやカナダでシャチの研究《けんきゅう》がはじまって、わずか五年後です。

館長は、アメリカの水族館に、シャチの視察《しさつ》にでかけました。

「飼育にかんしての資料《しりょう》やデータはほとんどない。何もかも、ためしながらやっていくしかない。むずかしいことはわかっているけれど、挑戦《ちょうせん》してみよう」

もっと研究が進み、日本でも安心して飼えるようになってからにしようとは、思いませんでした。シャチは、館長自身が、強く心を動かされる生きものだったからです。

「イルカにくらべて警戒心《けいかいしん》が少なく、好奇心《こうきしん》はイルカより強い。おしえたことをおぼえる学習能力《のうりょく》にすぐれている。子どもたちにはとくに、映像《えいぞう》ではなく、目の前で泳《およ》ぐ迫力《はくりょく》あるシャチを見せたい。きっとよろこんでくれるだろう」

アメリカで見てきたことをトレーナーに話し、調教《ちょうきょう》にはいりました。

二頭のシャチ、オスのジャンボとメスのチャッピーは、おどろくことに、シーワールドにきて四か月で、ジャンプをはじめ、十一種《しゅ》のパフォーマンスをおぼえてしまいました。

心地《ここち》よい海からの風と、潮鳴《しおな》りが聞こえるプールでの、二頭のシャチの、水しぶきをあげる迫力《はくりょく》あるジャンプは、たくさんの目を集めました。

館長が思い描《えが》いていたように、子どもたちはもとより、おとなも大よろこびでした。

ところが、三年半後にジャンボ、その三か月後にチャッピーが死んでしまいました。

アメリカの水族館《すいぞくかん》でも、生存《せいぞん》は三年が限度《げんど》といわれていました。

シャチにとって、それまでいた自然界《しぜんかい》とプールでくらすことの差《さ》は、ひとの想像《そうぞう》以上に大きいのかもしれません。

ひとに飼《か》われるシャチにとって、よりのぞましい環境《かんきょう》であれば、どのくらい長く生きられるのか？　ほとんどわからない時代でした。

勝俣さんがシーワールドに入ったのは、二頭のシャチの死から四年後です。

このころも、シャチのいる水族館は、世界《せかい》でも数か国だけでした。

シャチの飼《か》い方《かた》がわからないだけでなく、捕獲《ほかく》したカナダやアイスランドの海から運《はこ》んでくるだけでも、費用《ひよう》も人手《ひとで》もかかります。何十時間もかけて運ばれてくるシャチにしても、負担《ふたん》は大きいのです。水族館《すいぞくかん》にとって、「シャチを飼《か》う」は、大問題でした。

館長がふたたび、二頭の死をむだにしないためにも、シャチを飼うことにしたのは、二頭の死から七年後です。

あるとき、館長は勝俣さんに、

「きみのイルカ好《ず》きはわかっているけれど、イルカより、さらに未知《みち》の部分の多いシャチに、挑戦《ちょうせん》してみる気はあるか?」

「もちろんです」

「日本でほかにシャチを飼っている水族館はない。飼育《しいく》はむずかしいと思うけれど、がんばってほしい」

勝俣さんの目の前に、雑誌《ざっし》で見た写真《しゃしん》が、わーっと広がっていました。

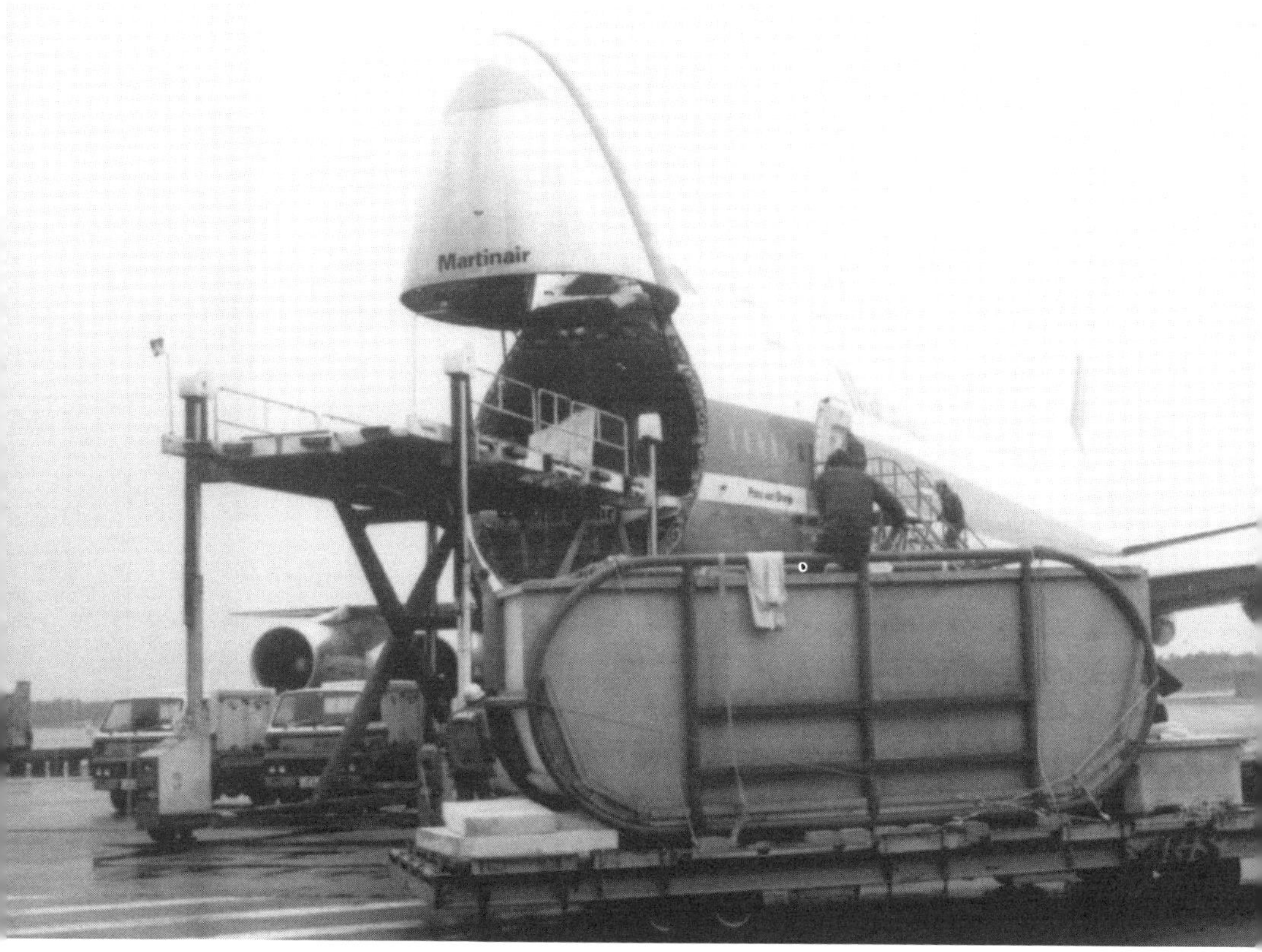

シャチの輸送《ゆそう》は貨物専用機《かもつせんようき》で。成田国際空港《なりたこくさいくうこう》に到着後《とうちゃくご》は特製《とくせい》の水槽《すいそう》ごとトレーラートラックにのせ、鴨川《かもがわ》シーワールドにいそぎます。

「まだ写真《しゃしん》や映像《えいぞう》でしか、シャチを見たことがありません。シャチのほんとうのすがたを知りたいです。本物にさわってみたいです」

（シーワールドでも、いつかシャチの背《せ》にのって泳《およ》ぐことができるかもしれない。かっこいいだろうなあ。どんなさわり心地《ごこち》かしら）

水泳のとくいな勝俣さんは、うっとりしてしまいます。

シーワールドに入って三年目、ベルーガ（白イルカ）などの飼育係《しいくがかり》をへて、ようやく、獣医師《じゅういし》としての仕事《しごと》をまかされるようになっていました。

勝俣さんのシャチへの思いを見すかすように、館長はちょっと、きつい口《く》調《ちょう》でいいました。

「獣医師のきみには、シャチの健康管理《けんこうかんり》をしてもらわなければならない。よく勉強しておくように」

「はっ、はい。わかりました」

獣医師《じゅういし》として、シャチに興味《きょうみ》をいだくひとりの人間として、取り組みがいのある巨大《きょだい》なあいてです。

もともと馬がすきで、学生時代には乗馬《じょうば》に夢中《むちゅう》になっていました。獣医師になるための学校では、おもに馬や牛の体についての勉強が中心で、陸上の動物ばかりでした。馬も牛も犬やねこなどにくらべれば大型《おおがた》ですが、海獣《かいじゅう》にはかないません。

あこがれのイルカも、学生時代の水族館実習《すいぞくかんじっしゅう》で、はじめて近づくことができたのでした。

「よし、シャチについて調べるぞ」

勝俣さんは、はりきりました。

でも、生態《せいたい》についての調査にもとづいた資料《しりょう》や、研究者《けんきゅうしゃ》の論文《ろんぶん》はありません。あるのは、海べにのりあげて死んでいたシャチのおなかにアザラシがいた、というようなエピソードだけでした。

そのような話を聞いたひとが、シャチは、どうもうな生きものときめつけ、想像《そうぞう》をふくらませて書いたと思われる本はありました。

「シャチは、ほぼ世界中の海にいるんだ。シャチには海獣《かいじゅう》やペンギンなどを捕食《ほしょく》する回遊型《かいゆうがた》と、一定の海域《かいいき》にくらし、魚を食べる定住型《ていじゅうがた》がいる。どちらも母親を中心とした群《む》れ（ポッド）で行動する。なるほどね」

勝俣さんは、シャチの雑誌《ざっし》を読みながらひとりごとをいっていました。

でも、ほんとうのことは、世界中のシャチを調べてみなければわかりません。同じように見えるけれど、黒と白のもようや背《せ》ビレの形も大きさも、一頭一頭、すこしずつちがっているようです。生まれた場所《ばしょ》や、えさのちがいと関係《かんけい》があるかもしれない。

はっきりしたことがわからないのなら、自分の目で見て、さわって、育てて、たしかめるしかありません。
勝俣さんは、シャチがくる日を
指おりかぞえて待ちました。

シャチは、ひとなつこい生きもの。「かっこよく撮《と》ってね」
ひとを観察《かんさつ》するのが好《す》きなラビー。

3　北の海からようこそ

一九八〇年二月。

氷《こおり》の海にかこまれた国、アイスランドから二頭のシャチ、オスのキングとメスのカレンが、やってきました。

ラビーの両親になる、ビンゴとステラがくる五年前のことです。

特製《とくせい》の水槽《すいそう》に入れて飛行機にのせ、成田空港《なりたくうこう》からは大型《おおがた》のトレーラートラックで、シーワールドまで三十時間もの長旅《ながたび》でした。

勝俣さんは、シャチを早く見たくて、水槽の中をのぞきました。

（こんなに大きくてもまだ子どもなのね。わたしの手におえるかしら）

二頭は、二、三歳《さい》だというのに、体重《たいじゅう》は九百キロ以上もあります。

そして、おどろいたことに、黒と白の鮮明《せんめい》なもようのはずなのに、まだらになっていました。

「なにこれ、おばけシャチ？」

移送《いそう》中、ひふの乾《かわ》きをふせぐために、二頭の体には、油分《あぶらぶん》たっぷりの白い軟膏《なんこう》がぬってあったのです。

到着《とうちゃく》後、獣医師《じゅういし》の仕事《しごと》としてまず、シャチの血液検査《けつえきけんさ》をします。運《はこ》ばれてきたせまい水槽《すいそう》にいるうちに、採血《さいけつ》することになりました。動きまわれるプールに運びこんでからより、採《と》りやすいからです。

たくさんの目が集まる中、緊張《きんちょう》をおさえて、尾《お》びれのうらがわの血管《けっかん》に針《はり》をさしました。さいわいシャチはじっとしています。

長い時間、体を動かしていなかったために、しびれているからです。

ところが、なんどか針《はり》をさしなおしても、血液《けつえき》は少ししかとれません。

（おちついて、おちついて）

あせる気持ちを深呼吸《しんこきゅう》でととのえて、もう一度挑戦《ちょうせん》しました。うまくいきません。シャチをできるだけ早く、プールにいれてやらなければ……。

採血《さいけつ》に時間をかけるわけにはいかないのです。

そこで、シャチにつきそってきた獣医《じゅうい》さんにおねがいすることにしました。

アメリカ人のわかい獣医師は、なれた手つきで採血をすませました。

勝俣さんは、獣医さんのたくましい腕《うで》を見つめながら、

（わたしもまだまだね。でも経験《けいけん》がないんだからしかたないわ。これからがんばる！）

つぎにシャチを、プールに入れます。

ひとが長い時間正座《せいざ》をしていると、しびれて、すぐに立てないのと同じよ

シャチは、担架《たんか》にのせられたまま、水位《すいい》を低《ひく》くしたプールにおろされます。カレン搬入《はんにゅう》時《じ》の貴重《きちょう》な写真《しゃしん》。

うに、動けずにいたシャチを、いきなり深《ふか》いプールに入れると、おぼれてしまうおそれがあります。

プールの水位《すいい》を、あらかじめ低《ひく》くしてありました。

「壁《かべ》にこすりつけないように気をつけて」

担架《たんか》ごとつるされたシャチは、ゆっくりとプールにおろされていきました。

水が少なすぎると、プールの底《そこ》でこすり、おなかが傷《きず》ついてしまいます。

背中《せなか》が見えるくらいの水位でおちつくと、トレーナーたちは、いっせいにシャチをかこみました。

アメリカ人の獣医師《じゅういし》もくわわって、しびれがほぐれて泳《およ》げるように、声をかけながら、体をさすったりしました。

すると、シャチはゆったりと尾《お》びれをふりはじめました。

「おーっ、元気だぞ」

「あとはしっかり泳《およ》いでくれよ」

トレーナーたちのうれしそうな声があがりました。

勝俣さんは、プールサイドに手をついて、そのようすを見守っていました。思わず拍手《はくしゅ》していました。

広い海にいたシャチは、壁《かべ》にかこまれたプールをこわがります。でもキングもカレンも、シーワールドにくる前に、アイスランドで、プールに見立てたかこいの中ですごしていました。そのせいか、プールをこわがることはありませんでした。

でも、むずかしいのはこれからです。まず、えさの問題《もんだい》です。アイスランドでの主食《しゅしょく》は、ニシンでした。それも生《なま》のニシンです。シーワールドの海獣《かいじゅう》たちのえさは、手に入りやすく、価格《かかく》が安定《あんてい》しているサバが中心です。産地で冷凍《れいとう》した、とれたてのサバを、解凍《かいとう》してあたえています。

トレーナーと勝俣さんは相談《そうだん》しました。

「サバのえさになれてもらわなくては。さっそくためしにあたえてみよう」

「おなかがすいているはずだ。きっとよろこんで食べるだろう」

二頭の口もとにサバを近づけてみました。見むきもしません。

「ちょっとぜいたくな気もするけれど、生きた魚をプールに入れてみようか」

トレーナーの意見に勝俣さんは、

「そうね。ためしてみましょう。何でもきっかけづくりがだいじよね。ここのえさになれてもらうためには、くふうしなければ」

さっそく、トレーナーのひとりが、生きた魚を手に入れました。何種類《しゅるい》かの魚をプールに放《はな》すと、シャチは追いはじめました。

パクッ。ハクッ。大成功《だいせいこう》です。

すかさず解凍《かいとう》したサバを入れてみると、すいっと通りすぎてしまいます。

サバはプールの底《そこ》にしずんでいきました。

「ああ、やっぱりだめか。見やぶられてしまったか」

そこに館長がやってきました。

「形を変えてやってごらん。サバの頭や骨《ほね》をとって切《き》り身《み》にしてみて」

みんなでサバを三枚《まい》におろし、手のひらの大きさにしてみました。

（こんどはちがう魚かな？）

まず、キングがやってきて、パクッ。

サバを食べることがわかりました。

「しばらくはこの方法《ほうほう》でやってみますか」

「しかし、大量《たいりょう》のえさを切り身にする作業《さぎょう》は、はんぱじゃない」

でも、なんとしても食べてもらわなければなりません。

冷《つめ》たいサバを切っていくうちに、手がまっ赤になっていきます。トレーナーたちは、ときどき休んでは手を温《あたた》め、作業《さぎょう》をつづけました。

二頭のえさを食べる量《りょう》は、しだいにふえていきました。

そのぶん、切り身づくりは大仕事《しごと》ですが、やめるわけにはいきません。


数日後の朝のこと。

いつものようにシャチのプールにいくと、トレーナーが魚をかかえています。

「あらっ？」

勝俣さんは目を見はりました。

トレーナーが、あばれる魚をふりおとすまいと、必死《ひっし》でおさえつけていたからです。

「生きているサバ？　どこで手に入れたの？」

すると、サバはトレーナーの腕《うで》からすべり落ちて、プールにポチャン。

それをすかさず、カレンが、パクッ。

カレンは、トレーナーがかかえている、いきのいいサバをずっと見ていたのです。

「カレンは食《しょく》がほそくて心配していたけど、生《なま》のサバなら食べるのね。やっぱり生がいいのね」

勝俣さんは、感心しました。その一方、生のサバを用意するたいへんさを想像《そうぞう》すると、気がおもくなりました。

「獣医《じゅうい》の目にも生に見えたんですね」

トレーナーが満足《まんぞく》そうにわらっています。

「えっ？　見えたってことはもしかして」

「はい、そうです。いつものサバです」

サバを生きているように見せた、ベテランのトレーナーのアイディア勝ちでした。

「キングもカレンも、サバのおいしさを知ったかもね」

「そうだといいですね」

その日から、二頭とも冷凍《れいとう》のサバをよろこんで食べるようになりました。

えさの時間になると、

（もうおなかがペコペコ。早くして）

プールサイドのひとの動きを追うように泳《およ》いでいます。自分のせわをしてくれるトレーナーと、そうでないひとを見分けています。

「カレーン、おまちどうさん」

カレンはとくに、男女にかかわりなく、やさしく声をかけてくれるトレーナーが好《す》きです。プールサイドにいるトレーナーと競走《きょうそう》するように、プー

シーワールドのえさにもなれました。やさしく声をかけてくれるトレーナーたちとなかよしになったカレン。

ルの壁《かべ》にそって泳《およ》いでいく、あそびずきなカレンです。
トレーナーが足をとめると、水の中にもぐります。歩きだすと、
（まって、わたしをおいていかないで）
プハーッ。ブホーッ。
水面で大きく、息《いき》をはいては吸《す》う音をたて、あとを追っていきます。
まるで、かくれんぼを楽しんでいるようなカレンです。

4　よく生きたね、カレン

（わたしもカレンとあそびたい）

勝俣《かつまた》さんは、トレーナーがうらやましくてたまりません。トレーナーにとってあそびながらの観察《かんさつ》は、だいじなトレーニングです。

（いけない、いけない、獣医師《じゅういし》が同じことをしてはいけない）

勝俣さんは首をふりながら、自分にいいきかせました。

でも、あるときついに、

「わたしとちょっとだけあそんで、カレンちゃーん」

勝俣さんはプールサイドを走りました。すると、カレンは水音もたてずに勝俣さんのそばまできました。ところが、よこ目で見ながら、すーっと通りすぎていってしまいました。

「カレンちゃん、わたしをきらいなの？　わたしがこんなにカレンちゃんのこと大好《だいす》きなのに」

「獣医《じゅうい》は敬遠《けいえん》されてますね。きっと、近づいたら注射《ちゅうしゃ》されると思っているんでしょう」

トレーナーは、同情《どうじょう》してくれました。

カレンは、ひとを見分けるだけでなく、人見知りもすることがわかりました。でも、お気に入りのトレーナーでなければ、いうことをきかないということはありません。

かた手を高くあげたらジャンプするとか、手をぐるぐるまわしたら、水中から顔を出して回転《かいてん》するなどのパフォーマンスを、どんどんおぼえていきました。

すべて、トレーナーの手の合図《あいず》で動いてくれます。してほしいことができたとき、すかさず笛《ふえ》を吹《ふ》き、ごほうびのおやつ（えさ）をあたえます。

トレーナーが胸《むね》にさげているのは、かん高い音のでる笛《ふえ》です。

シャチは、トレーナーの手と笛のサインで、自分が指示《しじ》されたことができたと、確認《かくにん》できます。

キングとカレンは、背中《せなか》にトレーナーをのせて泳《およ》ぐこともします。

勝俣さんが見て胸《むね》をときめかせた外国の雑誌《ざっし》の写真《しゃしん》のシーンを、わたしたちは目の前で見ることができるのです。

シャチは、ひととの交流《こうりゅう》ができる生きものでした。

しかも、自分たちは仕事《しごと》をしているという意識《いしき》をもって、行動しているようです。

トレーナーの合図《あいず》でみんなそろってごあいさつ。「ようこそ、シーワールドへ」

プロのパフォーマー、技能者《ぎのうしゃ》といったところでしょうか。

プロ意識《いしき》は高くても、カレンはパフォーマンスがうまくできたときのごほうびよりも、ひととあそぶのがすきでした。好奇心《こうきしん》が強く、いつもひとを観察《かんさつ》しています。

カレンのやり方を見ているキングも、つられて動くといったぐあいです。

(キングもカレンも、ここの生活《せいかつ》にもなれてくれたようね。よかった)

安心する勝俣さんにもトレーナーにも、つぎのねがいが生まれはじめました。

二頭の間の赤ちゃんです。

ところが、カレンよりも食欲《しょくよく》があったキングが、だんだん元気をなくしていきました。キングは、シーワールドにきて三年半で亡《な》くなりました。

「水族館《すいぞくかん》でのシャチの命《いのち》は短い。長くても三年」と、いわれていたとおりでした。

夏の時期に上がる水温のため？　イルカといっしょのプールでのストレス？　それとも、生まれ育ったところとのえさのちがいなのか。これらすべてが負《ふ》担《たん》なのかもしれませんし、どれかなのかもしれません。

わからない死因《しいん》をさぐっていくのは、命《いのち》をあずかるスタッフ全員《ぜんいん》にとっての課題《かだい》です。

勝俣さんもトレーナーも、カレンがさびしがるのではないかと心配《しんぱい》でした。

カレンは、キングのすがたが消えてから、

（どこにいったの？）

水面に頭をだしては、トレーナーにたずねているようでした。

でも、しばらくするとカレンは、同じプールにいるイルカたちとなかよくなりました。イルカとならんで泳《およ》いだり、いっしょにジャンプしたりしています。

「ねえ、ちょっと聞いて」「えっ、どうしたの」なにを話しているのかな？
ないしょ話しているみたいなカレンとイルカ。

ひとまわりもからだの大きな、カレンの上げる水しぶきめがけて、イルカたちがジャンプします。

おたがいの持《も》ち味《あじ》をだしあってあそぶなごやかな風景《ふうけい》は、とてもほのぼのとしていました。

(シャチとイルカは近い仲間《なかま》とはいえ、こんなに気があうとは。まだまだ、シャチにはおどろかされたり、感心させられることがたくさんありそうね)

トレーナーと勝俣さんは、カレンを見てうなずきました。

一九八七年。シャチのための、巨大《きょだい》なプールが完成《かんせい》しました。オーシャンスタジアムです。

これまでは、北の海からきたシャチにとって、「暑《あつ》い日本の夏をのりきる」のはつらいことだったはずです。気温が上がるにつれ、プールに取り入れている海水の温度も上がるので、ぐったりしてしまいます。

毎年、暑《あつ》さが遠のき、秋をむかえることができると、トレーナーたちは合《あい》言葉《ことば》のように、

「この夏もよくがんばったね」

「すずしくなってヤレヤレだ」

ねぎらいのことばをかけあいます。

ある夏のこと、勝俣さんは、

「館長、提案《ていあん》します。プールの上にロープを張《は》って、たとえばヘチマのような植物《しょくぶつ》をはわせたらどうでしょう。いくらかでも水温が下がるのではないでしょうか。せめて、直射日光《ちょくしゃにっこう》をさえぎることはできると思うのですが」

真剣《しんけん》にいったことがありました。でも館長は、

「きみは本気でそんなこと考えているのか。どのくらいのロープとヘチマが

必要《ひつよう》か計算してみなさい」

むりだとはわかっていましたが、そのくらいシャチのことが心配《しんぱい》で、たまりませんでした。

獣医師《じゅういし》として病気《びょうき》の予防《よぼう》や体調管理《たいちょうかんり》に心をくだくことはできても、環境《かんきょう》をととのえるには、限界《げんかい》があり、むずかしかったのです。

もう心配はいりません。新しいプールは水温の調節《ちょうせつ》ができます。夏は水温二十度、冬は十三、四度の設備《せつび》になりました。

ゴールデンウィークの前に、オーシャンスタジアムに、ひっこしをしました。プールサイドにつくられた広くて白いステージは、シャチの全身《ぜんしん》をお客さんに見てもらえる舞台《ぶたい》です。

太平洋《たいへいよう》の海を背景《はいけい》にした、ま新しいステージは、シャチの黒と白のシャープな体つきをひきたて、まぶしいほどです。

太平洋《たいへいよう》を見つめながら、ダイナミックなジャンプ。これぞ海の王者の風格《ふうかく》。

ステージにのりあげて、尾《お》びれをピンとあげた、美しく気高《けだか》いカレンは、連休初日《しょにち》の幕開《まくあ》けをもりあげました。

その直後に、だれにも予想《よそう》できないことがおこりました。

五月四日の夜、カレンが急死《きゅうし》したのです。

アイスランドからやってきて七年三か月目でした。カレンは毎日、国内外での飼育記録《しいくきろく》を更新《こうしん》していたのです。

勝俣さんもトレーナーたちも、記録《きろく》をぬりかえていくことより、元気で生きているカレンが、明日の活力《かつりょく》のもとでした。

（まだわからないことが多いとはいえ、獣医《じゅうい》がそばにいながら、どうにもできなかったなんて。あんなにいきいきと、パフォーマンスを見せてくれていたカレン。もっともっと生きたかっただろうに）

勝俣さんは、アメリカの水族館《すいぞくかん》からも、シャチの病気《びょうき》についての資料《しりょう》を取りよせていました。予防《よぼう》がどれほどだいじなことか、わかっていたからです。でも、カレンの突然《とつぜん》の死をふせぐことはできませんでした。シャチの病気や変調《へんちょう》を見つけることが、どんなにむずかしいかを、あらためておしえられました。

くやしい思いが消えない勝俣さんは、その夜おそく、まっ暗《くら》なプールサイドで、空を見ていました。

「あれっ、獣医《じゅうい》、やっぱりここにいたんですね。もしかして泣《な》いてますか？」

トレーナーが立っていました。

「まさか。あなたこそ泣きたくて、ここにきたんでしょ」

「ぼくにとってカレンは永遠《えいえん》のシャチですから」

「そうよね。カレンに冷凍《れいとう》のサバを食べさせたひとだものね」

ふたりは、プールの水面を見つめながら、話しつづけました。

「もっとシャチのためにできることがあるはずよね。カレンにはかなわなかった、赤ちゃん誕生《たんじょう》にむけてがんばろう。それでなくてはカレンにすまないものね」

勝俣さんは、新しい施設《しせつ》でのシャチの飼育《しいく》に希望《きぼう》をもとうと思いました。

「カレンに、冷《つめ》たくて気持ちいい水温の夏を経験《けいけん》させてやりたかった。カレンはよくがんばった。いい子だった」

ふたりは話しながらも、水面を見つめていました。

プハーッ！

（わたしはここよ。見て、見て）

今にもカレンが、ポッカリと顔を出してきそうです。

人なつこい目で、二人を見ていてくれるような気がしてなりませんでした。

「カレンて、ほんとに、いいヤツだった……」

トレーナーがつぶやきました。

勝俣さんは、なんどもうなずきました。そして、

「おまえの死を、けっしてむだにしないよ」

カレンに誓《ちか》いました。

5　ひと、シャチに約束《やくそく》する

カレンは、シャチが、ひとと交流《こうりゅう》できる生きものだということをおしえてくれました。また、

（ひととふれあうのは楽しいよ）

ともつたえてくれました。

あいてが水中の生きものであっても、ひとと動物との壁《かべ》をとりはらってくれたのがカレンでした。

勝俣《かつまた》さんは、シャチという生きものがいっそう、いとしくなりました。

ひとが仕事《しごと》に責任《せきにん》をもつように、シャチたちも、パフォーマンスを見せる

ことに手ごたえや、はりあいを見いだしているようです。

まるで、シャチの代表《だいひょう》として選《えら》ばれてやってきて、パフォーマンスをもりあげているかのようです。

はねかえってくるお客さんの拍手《はくしゅ》や歓声《かんせい》を、シャチはどう感じているのでしょう。

勝俣さんにはシャチたちが、さらにはりきっているように思えます。

トレーナーたちも、そんなシャチたちのために、できるかぎりのことをしてこたえたいのです。シャチという生きものの能力《のうりょく》を知る、チャンスでもあります。

けれども、シャチに、ことばで話してわかってもらうことはできません。

だからこそ、

「わたしたちは約束《やくそく》をする。ひとは、自分たちのつごうで約束をやぶったり、ごまかさないようにするよ」

勝俣さんとトレーナーたちが話しあい、いつも確認《かくにん》しあっていることです。

でも、ひとはときどき、わすれそうになります。

たとえば、えさのバケツひとつにしても、いつも清潔《せいけつ》にときめたら、それを守ることとです。あたりまえのことなのに、

（これぐらいのことはだいじょうぶ）

と、手をぬいてしまうことがあります。

消毒《しょうどく》の手間《てま》をはぶけば、雑菌《ざっきん》がついているかもしれません。えさそのものは新鮮《しんせん》でも、病気《びょうき》の原因《げんいん》になってしまいます。

シャチだけでなく、生きものにかかわる作業《さぎょう》は、時間がかかります。

多くの仕事《しごと》が、効率《こうりつ》よく進めるのがよいとされても、生きものあいてのばあいには、あてはまりません。

たとえば、巨大《きょだい》プールの清掃《せいそう》は、すべて手作業《てさぎょう》というのも、そのひとつです。ひとの目が壁《かべ》の小さな傷《きず》を見つけ、大きな事故《じこ》をふせぐのです。

プールの壁《かべ》をふいているトレーナーをよこ目で見ながら、ゆうゆうと通りすぎていくシャチがいます。

（自分たちの住まいをきれいにしてくれていると思っているのかな。それとも、あそんでいると思っているのかな）

勝俣さんは観察《かんさつ》しながら、いかにも気持ちよさそうに泳《およ》ぐシャチたちに、心をうばわれることがあります。

水にゆらめく日ざしが、シャチの体に作りだすふしぎなもように、ひきこまれてしまうこともあります。

こんな、なにげない日々の観察《かんさつ》も、海獣医《かいじゅうい》ならではの楽しみです。

診察《しんさつ》するときも、いつもシャチに話しかけています。

「ぐあいがわるそうだね。早く治《なお》してあげたいの。注射《ちゅうしゃ》をするよ。この注射をするとよくなるからね」

でも、どんなに心配《しんぱい》しても、ひとの思いがとどかないところでの病気《びょうき》のもとがあります。

アシカやアザラシなどの鰭脚類《ひれあしるい》は、もともと頑丈《がんじょう》にできているのか、健康管理《けんこうかんり》しやすい海獣《かいじゅう》です。

それにくらべて、イルカは、鼻のつくりから雑菌《ざっきん》が体に入りやすく、肺炎《はいえん》にかかりやすい生きものだということが、これまでに飼育《しいく》した経験《けいけん》からわかっています。

そこで、なぜ、ぐあいがわるいのか原因《げんいん》がつかめないばあいは、肺炎《はいえん》ではないかと疑《うたが》い、その治療《ちりょう》をします。それがシャチにも役立っています。

また、シャチもイルカも、カゼ、胃炎《いえん》、腸炎《ちょうえん》などにかかります。ひとの

シャチは、ひとと同じような病《びょう》気《き》になります。ふだんの観察《かんさつ》、健康管理《けんこうかんり》がだいじ。海《かい》獣《じゅう》医《い》・勝俣さんの「はい、口をあけて」に、アーン。

治療薬《ちりょうやく》やビタミン剤《ざい》が効果《こうか》をあらわすことがあります。

動物は、ひとのことばで苦しみをつたえられない生きものです。なんといっても、予防《よぼう》が第一《だいいち》。異常《いじょう》を見つけたら早く治療《ちりょう》すること。

けがをさせないなど、事故《じこ》に対しても「予防する」は、「命《いのち》を守る」に通じます。

予防のための健康管理《けんこうかんり》は、体温や便《べん》のちょうしのチェックと、さらに、日ごろの観察《かんさつ》、ひとの目の力がものをいいます。

たとえば、こんなようすが見られたら、体調《たいちょう》がすぐれないと考えます。

- トレーナーのさそいにのってあそぼうとしない。
- えさをねだらない。
- 水面に浮《う》いていることが多い。

「健康でいてほしい」は、ともに生きている仲間《なかま》としてのねがいです。獣医師《じゅういし》と、飼育係《しいくがかり》でもあるトレーナーは心をひとつにして、シャチとの約束《やくそく》を守るよう、努力《どりょく》しています。

カレンの死から一年後。

アイスランドから、生まれて二年ぐらいの三頭のシャチがやってきました。

勝俣さんは、なぜかそのなかの一頭、メスのステラが気になっていました。

二歳《さい》ぐらいまでは、海にいればお乳《ちち》ものんだりしている時期です。大きくなって、赤ちゃんを産《う》めるようになるまでには、七、八年かかります。

それなのに、赤ちゃんを誕生《たんじょう》させたいというねがいが、勝俣さんの胸《むね》にふくらんできていました。

「特定《とくてい》の生きものだけに目をとめて、かわいがったりしてはいけない。みんなを平等《びょうどう》にあつかうように」

日ごろから館長にいわれています。でもなぜか、ステラは、

(わたしとあそぼう、ねえ、あそんで)

健康診断《けんこうしんだん》をしているときなど、そういっているような目で見つめてきます。

それが勝俣さんの心をとらえていました。

「おまえは、ここにこなかったら、今ごろ、どこの海でどうしていたんだろうね」

勝俣さんは、いつのまにかステラに話しかけています。ステラは問《と》いかけを聞いているように、じっとしています。

「よし、あそぼう。ステラは何をしてほしい？　何をのぞんでいるの？」

勝俣さんは仕事《しごと》をおえた夕暮《ゆうぐ》れ、プールサイドにきては、ステラのツルツルした弾力《だんりょく》のある体をなでたり、ポンポンとたたいたりしていました。

シーワールドにきたばかりのステラ。勝俣さんにあまえています。小さかったステラも、やがて、母親《ははおや》になる日が……。

「おまえと話ができたら、どんなにいいだろう。ここではみんなと、ずっとなかよくしてほしいよ。でも、ステラは自由《じゆう》に生きてみて。わがままいってもいいよ。そういっても、かぎられたスペースのなかでは、むずかしいかもしれないけれど……」

ステラは、プールサイドにいる勝俣さんの足もとで、顔を出したりもぐったりをくりかえしていました。

「ねえステラ、何かあったらおしえてよね。わたしはずっとステラを見ているよ。だからどんな方法《ほうほう》でもいいから知らせてね。約束《やくそく》だよ」

日がくれて明かりのないプールは暗《くら》くなっていましたが、ステラの目が、自分の方を見ていることは気配《けはい》でわかりました。

そのとき、

「暗いところで人の声がすると思ったら……」

いつのまにか館長がいました。

「あっ、すみません。いまもどります」

「だれかぐあいがわるいのか？」

「いいえ、ちがいます。あのー」

「まあいい。きみの獣医《じゅうい》としての観察眼《かんさつがん》が必要《ひつよう》だ。気になることがあったら、ひとりでかかえこまないで、みんなと相談《そうだん》しなさい」

「はっ、はい。わかっています」

勝俣さんは獣医師であり、シャチ飼育《しいく》チームの一員です。チームのひとたちとは、いつも相談しながら進めています。

ほんとうは、こういいたかったのです。

「わたしはシャチのことをもっと知りたくてあそんでいました。シャチもあそびたがっているんです。あそびはとてもだいじな仕事《しごと》です」と。

「新しくきた三頭の成長《せいちょう》が楽しみだね。シャチの繁殖《はんしょく》も夢《ゆめ》じゃない。きみもそれをのぞんでいるだろう。シーワールド生まれのシャチの赤ちゃんを見るのは、わたしの夢《ゆめ》でもあるんだ」

勝俣さんの心を読みとっているような館長のことばでした。

一九九二年から、健康管理《けんこうかんり》の一環《いっかん》として、定期的《ていきてき》にシャチの採血《さいけつ》をするようになりました。

ステージ上にのりあげて、静止《せいし》しているシャチの尾《お》びれの裏《うら》がわから、採血するようになったのです。

勝俣さんの診療《しんりょう》や成長《せいちょう》記録《きろく》ノートには、シャチのイラスト入りのページがふえていきました。

シャチの飼育年月《しいくねんげつ》が長くなるにつれ、明らかになってきたことがあります。

「検温《けんおん》よ」「わかってます」日課《にっか》の体温測定《たいおんそくてい》では、計《はか》りやすいようにおなかを上にむけてくれます。

体重測定《たいじゅうそくてい》は、ステージ上にセットされた特製《とくせい》の体重計で。

血液検査《けつえきけんさ》で、おとなになっているかどうかが、わかるようになったのもそのひとつです。

シャチの性成熟《せいせいじゅく》はオスが十歳《さい》くらい、メスは七、八歳だということが明らかになりました。赤ちゃんができる年齢《ねんれい》の、めやすがついたのです。

シーワールド生まれのシャチの夢《ゆめ》に、一歩も二歩も近づきました。

6　ラビーが誕生《たんじょう》した日

一九九八年一月十一日
シャチの赤ちゃんが生まれる！

ステラ出産《しゅっさん》のおめでたいニュースは、お正月明けの新聞をにぎわしました。待ちこがれていた赤ちゃんです。

シーワールドのスタッフみんなのねがいは、「こんどこそ、ぶじに育ってほしい」でした。

ステラの前に、二回、もう一頭のメスが出産していました。

でも、赤ちゃんは生まれてたったの三十分で死んでしまったり、おなかの中で死んでいたりしたのでした。

最初の赤ちゃんが、自分で呼吸《こきゅう》できなかったときも、

（こんなだいじなとき、ひとは手をかすことはできないものなのか）

もどかしい思いをかかえて、うちのめされた勝俣《かつまた》さんが、プールサイドにたたずんでいると、ステラがスーッとよってきました。

「いつかステラにも赤ちゃんができるといいね」

勝俣さんはおちこみながらも、希望《きぼう》をうしなってはいませんでした。

二回の出産《しゅっさん》を経験《けいけん》して、貴重《きちょう》な記録《きろく》がのこされました。

出産の前日に、明らかに、母シャチの体温が下がっていたことです。

体温が下がると、「二十四時間以内《いない》に産《う》まれる」ことがわかるようになりました。このたしかな手がかりがあったので、三年後にステラが妊娠《にんしん》したと

きに、赤ちゃんの生まれる日を知ることができました。

勝俣さんは、これまでに何度も出産《しゅっさん》と子育《こそだ》てに成功《せいこう》している、バンドウイルカの記録《きろく》を参考《さんこう》にしました。

「バンドウイルカのばあいは、おとなのオスがいると、母になるイルカやメスたちに、おちつきがなくなったことがあったの。ステラには安定《あんてい》した気持ちで産《う》んでほしいので、オスをサブプールにうつしておいたらどうかしら」

トレーナーたちに提案《ていあん》しました。

「そうしよう。さっそくやってみよう」

メインプールにステラだけをのこすことにしました。父親になるビンゴもサブプールにうつりました。

でも、なぜかステラは、オスのオスカーからはなれません。そこでオスカーを、いっしょにのこしておくことにしました。

一月十日。

「朝の検温《けんおん》でステラの体温が下がったわよ」

いつにない勝俣さんのうわずった声です。トレーナーたちに、緊張《きんちょう》が走りました。

観察開始《かんさつかいし》です。二十四時間以内の出産《しゅっさん》はまちがいないからです。

「こんどこそ、うまくいくだろうね」

期待《きたい》をこめた館長の声に、勝俣さんは深《ふか》くうなずきました。泊《と》まりこみ用にもってきた寝袋《ねぶくろ》には入らず、観察《かんさつ》をつづけました。

そして、一月十一日の朝をむかえました。

明け方、ステラの腹部《ふくぶ》から、子どもの尾《お》びれが見えはじめました。午前八時、全身《ぜんしん》が出て、誕生《たんじょう》！

「ステラおめでとう！」

ところが、赤ちゃんは水面に泳《およ》いでいこうとしません。スーッとプールの底《そこ》にしずんでいきます。

イルカのばあいは、子どもが自力《じりき》で水面まで泳いでいかないときは、母親が口の先でおしあげて、最初の呼吸《こきゅう》をさせています。

ステラはどうでしょう。ステラは、子どもを気にするようすもなく、ひとりでゆったりと泳いでいます。

「どうしよう、どうしよう」

勝俣さんはそばにいるトレーナーの腕《うで》をつかんで大きくふりました。

と、そこにオスカーがやってきました。赤ちゃんにすいっと近づき、頭の後ろをかるくくわえたのです。

すると、その刺激《しげき》からか、赤ちゃんは尾《お》びれをふりはじめ、自力で水面へと泳いでいきました。はじめての呼吸ができたのです。

ステラ出産《しゅっさん》のニュースは、開館《かいかん》まえの館内《かんない》につたわっていました。息《いき》をのんで見守っていたのは、シャチのトレーナーだけではありません。

「おぅ、息《いき》をしたぞ！」

館長はじめ、スタッフの間から、ホッとする声があがりました。

これから授乳《じゅにゅう》がはじまるはずです。

でもステラは、いつまでたっても、赤ちゃんのめんどうを見ようとしません。

そればかりか、オスカーとならんで、のんびりと泳《およ》いでいるのです。

お乳《ちち》をのませ、母と子のつながりができなければ、赤ちゃんは育《そだ》ちません。

ステラは、なかなか赤ちゃんをよせつけようとしません。

「ステラ、どうしたの。このままでは、赤ちゃんは助からないよ！」

勝俣さんの頭の中では、やがて動かなくなっていく赤ちゃんのすがたが、うず巻《ま》きはじめました。

シャチもイルカも、ひととおなじに肺呼吸《はいこきゅう》。ときどき呼吸孔《こきゅうこう》を水面《すいめん》にだして息《いき》つぎをします。

「どうします？　獣医《じゅうい》」

シャチの担当《たんとう》になって日のあさいトレーナーが、あわてはじめました。

（そうよ。ひとがシャチにできることはしなければ。シャチにそう約束《やくそく》したわ。それができるのは、こんなときよ）

勝俣さんは、ひらめきました。

「水門をあけて、父親のビンゴを入れてみよう」

「えっ、ビンゴをですか？　危害《きがい》をくわえたらどうします？」

「あぶないかもしれない。赤ちゃんを威嚇《いかく》するかもしれない。でもやってみよう。子どもを守ろうとするステラの母性《ぼせい》を信《しん》じてみよう」

メインプールとサブプールの間の水門があけられました。

ビンゴは、いきおいよくメインプールに入ってきました。

ところが、プールを一周《しゅう》すると、サブプールにもどってしまったのです。

子どものときにシーワールドにやってきたビンゴには、小さなシャチが、仲間《なかま》とは思えなかったのでしょう。目にとびこんできた赤ちゃんを、攻撃《こうげき》するどころか、おどろいてしまったのです。

ビンゴ作戦《さくせん》は失敗《しっぱい》でした。

ステラはあいかわらず子どもを見むきもせずに、泳《およ》ぎまわっています。

「あーっ、だめか。どうしよう」

トレーナーも勝俣さんもあせってきました。

と、そこにやってきた館長が、

「わたしにアイディアがある。やってみよう！」

思いきった作戦《さくせん》を考えた館長は、ひとりの女性トレーナーに、いいました。

「いつもステラと息《いき》のあったパフォーマンスをしている、きみにやってほしい。きみならできる」

トレーナーはパフォーマンス用のウエットスーツにきがえると、プールに入りました。

トレーナーは、ステラを赤ちゃんのそばにさそいました。ステラは、赤ちゃんに近づこうとしません。

シャチは、群《む》れでくらす生きものです。経験《けいけん》ゆたかなメスがリーダーの、母系家族《ぼけいかぞく》のなかで育《そだ》ちます。

母親や、まわりにいるメスのやっていることを見習《みなら》って生きていくのです。母親からおしえてもらうことが多いはずです。

でも、母親との生活が短かったステラは、小さな命《いのち》をどうあつかえばいいのか、とまどっているようでした。

トレーナーはプールから顔をだして、

「うまくいきません。館長どうしましょう」

「じゃあ、さっき話したように、思いきってやってみて」

「はい、わかりました」

トレーナーは、ふたたびプールに入ると、赤ちゃんに近づきました。赤ちゃんといっても二メートル近くあります。

トレーナーはすきをみて、思いっきり赤ちゃんの背中《せなか》のあたりに、しっかりと抱《だ》きつきました。

うまくいきました。

ただごとならないようすに気づいたステラは、トレーナー目がけて突進《とっしん》してきました。

(わたしの子に何するの！)

赤ちゃんをうばいとりにきました。ステラの母性《ぼせい》が目覚《めざ》めたのです。

トレーナーは、すばやく赤ちゃんからはなれました。

せっかく生まれた命《いのち》をなんとか生かしたい、という館長の一念《いちねん》が、ステラに通じたようでした。

ステラは、よりそってくる赤ちゃんに、ぴたりとくっついて泳《およ》ぐようになりました。出産から十一時間たっていました。

プールサイドから見上げるつめたい真冬《まふゆ》の空には、無数《むすう》の星がまたたいています。

「さすが館長、すばらしいアイディアでしたね」

シャチの観察《かんさつ》チームがワイワイ話しながら館内《かんない》にもどると、あたたかいコーヒーと、帰らずにいたスタッフが待っていてくれました。

なおも、交替《こうたい》で、夜の間の観察《かんさつ》はつづきます。

あとはステラの授乳《じゅにゅう》を待つばかりです。

ステラが、おなかをさぐりつづける赤ちゃんに、お乳《ちち》をのませはじめたの

出産《しゅっさん》から54時間後に、ようやく授乳《じゅにゅう》をはじめたステラ。よかった！　これでひと安心《あんしん》。

は、出産《しゅっさん》から五十四時間後でした。

おちついてきたステラは、赤ちゃんがお乳《ちち》をのみやすいように、ゆるやかに泳《およ》いでいます。

赤ちゃんの体は、やわらかそうです。すこしぼやけてはいるものの、黒と白のもようがはっきりしています。小さいけれど一人前《いちにんまえ》のシャチです。

赤ちゃんは、ステラからはなれまいと、尾《お》びれを元気よくふって、ステラのよこを泳いでいました。

水族館生まれの二世《にせい》、ラビー誕生《たんじょう》です。

この赤ちゃんが成長《せいちょう》して、二〇〇八年、シャチの三世《さんせい》を産《う》むことになるのです。

飼育《しいく》している以上、ひとが手をかさなければ、命《いのち》を救《すく》えないこともある。ひとが手伝わなければ、救えない命があるということを、館長、勝俣さん、スタッフのみなが、たしかめあったできごとでした。

母と子はいつもいっしょ。ステラとラビー。

もしも、トレーナーが、体ごとむかっていく覚悟《かくご》がなかったら、ラビーは育《そだ》ってはいなかったかもしれません。

水泳《すいえい》が得意《とくい》な勝俣さんは、トレーナーがおじけづいたりしていたら、自分がプールにとびこんでいたかもしれません。

子育《こそだ》ても軌道《きどう》にのってきた一週間後、ラビーに抱《だ》きついたトレーナーが、そっとプールに入ってみました。

ステラは出産《しゅっさん》前とかわらず、トレーナーをうけいれてくれました。それまでの信頼関係《しんらいかんけい》が、うしなわれることはありませんでした。

勝俣さんは、子どものころのステラとむきあって、なでたり、さすったりしていたころを、思い出しました。

ステラがひとに心をゆるすようになったのは、あのふれあいがあったからではないか。ひとという生きものは、いざというときには、助けあえる仲間《なかま》だと思ったのではないか。それがラビーの出産《しゅっさん》と子育《こそだ》て成功《せいこう》につながったのではないか。

そんなことを思いめぐらすと、あらたな自信《じしん》がわいてきます。

でもその後は、シャチたちに診療《しんりょう》以外では、直接《ちょくせつ》ふれることはしません。（わたしは獣医《じゅうい》。しっかりと健康《けんこう》を守る。いいパフォーマンスを見せてもらうためには、トレーナーとの交流《こうりゅう》を深《ふか》めてもらうのがだいじだもの）

ステラはその後、ララ、サラ、ラン、四頭の子を産《う》みました。

ラビー出産のあと、もう、あわてることはありませんでした。りっぱなお母さんぶりを発揮《はっき》してくれました。

サラは三歳《さい》を前に病気《びょうき》で死にましたが、ほかの子どもたちは成長《せいちょう》し、きょうも元気なパフォーマンスを見せています。

シャチの繁殖《はんしょく》は、一九八八年、アメリカのサンディエゴシーワールドで、世界ではじめて、出産《しゅっさん》と子育《こそだ》てに成功《せいこう》しています。

国内《こくない》では、一九八二年、江ノ島水族館《えのしますいぞくかん》で、シャチの子が生まれています。

でもこれは、野生《やせい》のときに妊娠《にんしん》し、飼育《しいく》されてから出産したシャチでした。

赤ちゃんはざんねんながら、生後五日目に亡《な》くなってしまいました。

7　シャチがおしえてくれたこと

ステラから生まれたラビーは、はじめて日本の水族館《すいぞくかん》で生まれて、育《そだ》ったシャチ二世《にせい》として、注目《ちゅうもく》をあびました。

また、シャチが大好《だいす》きなひとだけでなく、シャチの飼育《しいく》がむずかしいことを知っている水族館のひとたちや、出産《しゅっさん》など繁殖《はんしょく》は、かなわない夢《ゆめ》と思っていた海獣《かいじゅう》を研究《けんきゅう》しているひとたちを、おどろかせました。

おどろきはよろこびでもありました。そして、みなのねがいはひとつ。

「元気に育って」です。

ラビーがお目あてで、遠くから会いにくるお客さんもいます。ラビーはたくさんのひとのねがいにこたえるように、成長《せいちょう》していきました。

ラビーは、生後一年ほどすると、早くもパフォーマンスに参加《さんか》するようになっていました。ものごころついたときから、毎日のように見ている仲間《なかま》のパフォーマンスを、おぼえてしまったのです。

ステラとラビー、親子そろってのジャンプは話題《わだい》をよびました。

「訓練《くんれん》をしたわけでもないのに、ラビーはたいしたシャチだ」

トレーナーたちは感心するばかりです。

おとなにまざって、いっしょうけんめいに泳《およ》いだり、ジャンプする愛《あい》らしいすがたは、子どもたちの心をとらえました。

幼《おさな》かったラビーが、十歳《さい》をむかえた二〇〇八年秋、ついにお母さんになりました。

ステラ母さんといっしょにジャンプ。みんなのやっていることを見ておぼえてしまうラビー。

生後《せいご》1年半。はればれとパフォーマンスのデビュー。尾《お》びれを上げてごあいさつ。

妊娠《にんしん》がわかってからは、得意技《とくいわざ》の、空中で回転《かいてん》して、四メートルの高さからぶらさがっているボールを尾《お》びれでける、ルーピングキックはとばないようにしていました。でも、むりのないパフォーマンスは、ひろうしていました。その間も、ラビーは食欲《しょくよく》おうせいで、サバやホッケをもりもり食べています。

これまでの経験《けいけん》があり、出産《しゅっさん》までのデータもたくさんそろっているので、シャチのトレーナーたちも安心していました。

二〇〇八年十月十三日。

さわやかな秋の日に、ラビーの赤ちゃんが生まれました。男の子です。

赤ちゃんは、正常《せいじょう》に十八か月間、ラビーのおなかのなかで、じゅうぶんに育《そだ》って生まれてきました。

生まれてすぐに、自力《じりき》で水面まで泳《およ》いでいき、最初《さいしょ》の呼吸《こきゅう》もできました。世界でもまれな、水族館《すいぞくかん》生まれの三世《さんせい》の誕生《たんじょう》です。

赤ちゃんをいれて、シャチの家族《かぞく》は七頭になりました。

ラビーは、はじめての出産《しゅっさん》とは思えないほど、おちついて子育《こそだ》てをはじめました。妹たちが生まれたときの、母親ステラの子育てを、見ていた経験《けいけん》から学んだのでしょう。

もともと、野生《やせい》では、母親を中心とした群《む》れでの生活から、学んでいくシャチですが、水族館でも同じように学習ができて、ラビーの出産にいかされたのです。

それにしても、ラビーの動作《どうさ》のひとつひとつの、なんとりっぱなことか。

お乳《ちち》をほしがる赤ちゃんが、自分からはなれそうになると、尾《お》びれを大きくふらずに、ゆっくりと泳《およ》ぎます。プールのコーナーをまがるときは、赤ちゃんがお乳《ちち》からはなれてしまうと、いそいで方向転換《てんかん》します。赤ちゃんは赤ちゃんで、お乳からはなれまいと、ラビーの体のよこに、しっかりついていきます。

生まれたての赤ちゃんは、しばらくは体に、くしゃっとしたしわがあります。黒と白のもようはおとなと同じですが、白い部分《ぶぶん》は黄色っぽいオレンジ色をしています。いずれはまっ黒になる部分はすこし灰色《はいいろ》がかっていて、体全体が、やわらかく温《あたた》かい色合いです。

赤ちゃんといえども、泳《およ》ぐ力は一人前《いちにんまえ》です。野生《やせい》であれば、この泳ぎのはやさでおとなについてゆき、小さな体を守ることができるのでしょう。

ラビーの妹ララが、赤ちゃんのお守《も》りをしてくれています。ララは、ラビーのよこで赤ちゃんによりそいます。

プールになれない赤ちゃんが、壁《かべ》にぶつからないように、たえず壁がわを

ラビーママと元気に泳《およ》ぐ赤ちゃん。まだ小さいけれど、一人前《いちにんまえ》の男の子です。

泳いでいます。まるでベビーシッターです。

ラビーが母親のステラを助け、ララたち妹を守っていたのを見て、身につけのでしょう。

家族《かぞく》に誕生《たんじょう》した赤ちゃんによりそい、いっしょに泳《およ》ぐ行動は、メスのシャチのもつ本能《ほんのう》なのかもしれません。ララが母親になれば、また、この助けあい行動は、うけつがれていくでしょう。

（ララは思っていたとおり、ラビーを助けている。ララをラビーにつきそわせてよかった。シャチからは、いろいろおしえられることが多いな）

勝俣さんは毎朝の観察《かんさつ》のたびに、そう思います。そして、

「ラビーえらい！　いいお母さんだね」と、声をかけます。

勝俣さんは、仕事《しごと》をつづけながら、二人の子どものお母さんになりました。

家族《かぞく》だけでなく、シーワールドの仲間《なかま》たちに支《ささ》えられて、子育《こそだ》てができた

みんなに守られて成長《せいちょう》する赤ちゃん。おくからオスカーパパ、赤ちゃん、ラビーママ、ララおばさん。ララはプールの壁《かべ》がわを泳《およ》ぎ、赤ちゃんを守っています。

のです。

「こまったことがあったら相談《そうだん》してね」

と、手をさしのべてくれる先輩《せんぱい》や友だちの応援《おうえん》で、子どもたちは成長《せいちょう》しました。ひとりでは、やってこられなかったかもしれません。

シャチは陸上の動物ならば、ゾウににています。ゾウは生まれて間もない子ゾウを、群《む》れ全体で危険《きけん》から守りながら、草原や森を移動《いどう》しています。

野生《やせい》のシャチも、リーダーのメスが群れを守りながら、海を泳《およ》ぎまわっています。

群れの絆《きずな》がとても強いのも、ゾウとおなじです。

ゾウもシャチも、いくつもの世代《せだい》のメス同士が協力《きょうりょく》して、子育てをしているのです。

シャチをはじめとして水族館《すいぞくかん》でくらす生きものは、自然界《しぜんかい》とひとの間にいて、野生《やせい》の生きもののすばらしさを伝えるメッセンジャーではないか、と勝保さんは考えています。

水族館《すいぞくかん》にいる生きものたちが、野生の生きものを守っている、ともいえます。水族館が、それら生きものたちの生態《せいたい》を知り、種《しゅ》を保存《ほぞん》する場にもなっているからです。

多くのひとが、実際《じっさい》のすがた、くらしぶりを目にすることができます。生きものの能力《のうりょく》や知恵《ちえ》に感心し、生きものにとっての幸《しあわ》せは？　と、考える場でもあります。

「シャチたちは、シーワールドでのくらしをどう感じているか。どうしたらより快適《かいてき》に生きられるのか」

勝保さんたちは、いつも考えています。

シーワールドのシャチたちは、勝保さんやトレーナーたちとの心の交流《こうりゅう》があります。シャチたちの、より幸《しあわ》せなくらしをねがうひとたちの思いが、あふれています。

さて、授乳《じゅにゅう》でいそがしいラビーは、赤ちゃんのそばを長い間、はなれているわけにはいきません。

事情《じじょう》のよくわかっているトレーナーは、ふつうは一日四、五回に分けてあたえているえさの量《りょう》を、ふだんよりふやしています。

一日のえさ量は60 kgぐらいですが、ラビーは授乳で栄養《えいよう》が必要なので、90 kgも食べています。

もうしばらくしたら、「ちょっとおねがいね」と、赤ちゃんのお守《も》りをララにたのんで、ゆっくりえさを食べられるようになるでしょう。

ララは、「ちゃんとお守りをしているからまかせて」と、赤ちゃんといっしょに泳《およ》いでいてくれるにちがいありません。

「お乳《ちち》をあげていると、おなかがすくの。ごはんはどっさりいただきまーす」

勝俣さんは、ラビーにいいます。

「わたしたちは、ラビーたちシャチにとっていい環境《かんきょう》を心がけてきたつもりよ。水族館《すいぞくかん》で生まれ育《そだ》ったラビーが赤ちゃんを産《う》んでみせてくれたのは、ここはいいところ、ここが好《す》きだよっていってくれたのよね。そう思っていいのよね。ラビー、ありがとうね」

そして、赤ちゃんには、

「きみがはじめて目にしたのが、ラビー母さんやララおばさん。そしておおぜいのひとね。きみがはじめて見たひとは、『ようこそ赤ちゃん！』と、きみの誕生《たんじょう》をよろこんでくれていたね。みんな笑顔《えがお》だったね。きっと目にやきついているね。拍手《はくしゅ》と歓声《かんせい》が聞こえていたよね。きっときみも、ふるさとシーワールドを大好《だいす》きになるね」

と声をかけています。

赤ちゃんは目に見えるように、日に日に大きくなっています。

ラビーがパフォーマンスをしぜんとおぼえてしまったように、ラビーの赤ちゃんも、いつかそうなるでしょうか。

親子三代《おやこさんだい》そろっての、パフォーマンスが実現《じつげん》したら、どんなにすばらしいでしょう。

つぎつぎと水しぶきを上げながら、高く低《ひく》くジャンプするすがたを思いうかべてみてください。わくわくしますね。


トレーナーのよびかけにこたえるラビーの赤ちゃん。

「きみも、ひとが大好《だいす》きになったんだね」

あとがき

わたしは動物が大好きです。動物の物語を書くのも好きなので、動物園や水族館によく足を運んでいます。シャチやイルカのパフォーマンスを見るたびに、「陸上動物ならまだしも、水中の生きものと、心をかよわせることができるなんてすばらしいな」と、感心していました。

その秘密《ひみつ》を探《さぐ》りたくて、鴨川《かもがわ》シーワールドには、二十年ほど前からかよっています。そこで知り合ったのが勝俣悦子《かつまたえつこ》さんです。そのころの勝俣さんは取材のたびに、海獣たちのエピソードを楽しそうに話してくださいました。それからの仕事ぶりを見るにつけ、獣医師と海獣の物語を書きたいと思うようになりました。

さて、この本の主人公「ラビー」が生まれた一九九八年一月十一日、ぐうぜんにもわたしは、イルカのトレーナーの取材で、鴨川シーワールドにいました。

その日の早朝に、スタッフたちみなが、日本初のシャチの赤ちゃん、ラビーの命《いのち》を守ろうと、必死《ひっし》の努力を重ねていたのは本書に書いたとおりです。

水族館の生きものたちの、命をささえているスタッフのよろこびや苦労を、ラビーとの交流を通して書きたいと思いながら十年。この間にも、「シャチにとってよりよい環境《かんきょう》」をめざして、研究《けんきゅう》や工夫《くふう》がつづけられていました。

それが世界でもまれな、水族館でのシャチ三世誕生《さんせいたんじょう》という快挙《かいきょ》につながりました。水族館で生まれ育ったラビーの出産という形でみごとに花ひらいたのです。

二〇〇九年春（生後半年目）、赤ちゃんに名前がつきました。「ゆたかな地球のように大きく育って」というねがいをこめた「アース」です。アースくんは早くもラビーたちとのパフォーマンスにくわわって、りっぱなジャンプをひろうしています。勝俣さんの笑顔が目にうかびます。

ラビーの産んだ男の子アースは、二〇一九年現在十一歳。名古屋港水族館（愛知県）で元気に暮らしています。

井上こみち

作者●井上こみち
埼玉県出身。1983年、新聞社主催懸賞童話の入選作が出版されたのを機に作家活動に入る。人と動物のふれあいをテーマとしたノンフィクションを多く手がける。主な作品に、『犬やねこが消えた』（学習研究社）、『犬の消えた日』、『ディロン～運命の犬』（ともに幻冬舎文庫）、『あっちゃんとブッちゃん』（文渓堂）、『てぶくろ山のポール』（佼成出版社）などがある。『海をわたった盲導犬ロディ』（理論社）で第1回日本動物児童文学賞受賞。『カンボジアに心の井戸を』（学習研究社）で第28回日本児童文芸家協会賞受賞。

挿画●佐藤智恵子
装丁●橋本秀則

取材協力/写真・資料提供　鴨川シーワールド/勝俣悦子

シャチのラビー　ママになる
日本初！　水族館生まれ3世誕生まで

2009年3月25日初版1刷発行
2025年9月30日初版7刷発行

文　　井上こみち
発　行　株式会社　国　土　社
〒101-0062　東京都千代田区神田駿河台2-5
☎03-6272-6125　FAX03-6272-6126
URL https://www.kokudosha.co.jp
印　刷　株式会社　モリモト印刷
製　本　株式会社　難波製本

落丁・乱丁本はいつでもお取り替えいたします。
NDC 913/111p/22cm ISBN978-4-337-31005-6